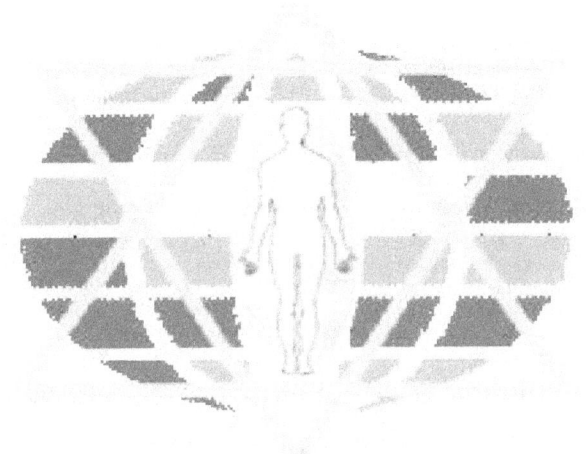

LA GUERRA DE LOS SUEÑOS:

la batalla continúa

Dr. Obed Nuñez

DEDICATORIA

A todos cuya avidez les permite buscar mas allá de lo que la vista alcanza sabiendo que somos originarios del más allá de los sueños...

A todos los que su inspiración les conmina a buscar la luz en el mundo dual......

A todos los que creen en la vida más allá de la vida...

Y a todos los que creen... y elevan alma -> Espíritu

INDICE

PRELUDIO

Hace ya algún tiempo...

Más allá de las comunicaciones. Un mundo con comunicaciones organiza, se siente y se expresa... se construye y habita en cada rincón del planeta, sin que se pueda...se sienta interpretado... un mundo que aparece en el imaginario colectivo con su propia creación, que se crea y se construye a sí mismo, esperando ser comprendido, dentro de la realidad vivida y experimentada por quienes habitan entre tinieblas, en la obscuridad de la noche, para acallar sus quejidos... ¡Pero también, en la luz!... Ellos se manifiestan, están allí, orbitando, entre palmos y palmos, haciéndose sentir cada vez más... esos que esperan ser descubiertos y correspondidos como habitantes de lo desconocido, al acecho de la humanidad.

¿Cómo hacer para expresar en silencio? Y decir que están allí; que viven y conviven con uno. Con cada uno de este planeta, en silencioso desaliento, dándole vida a la tierra, al electro- magnetismo... ¿Quién lo puede comprender? ¿Cuantos lo han de interpretar? ¿Cómo hacer para comunicar lo incomunicable?... De lo que se trata, es de describir la historia reciente de esta gran confabulación, para hacerlo presente, a la luz de la humanidad. De aquellos que necesitan conocer, saber: ¿Qué les está pasando? ¿Por qué están tan tensos? ¿Qué les excita tanto? ¿Qué son o está más allá de ellos? y ¿Cómo se produce ese encuentro?...

Esa comunicación de sentido que ejerce una influencia significativa en las personas y en su mundo subconsciente, pero que es tan real como el vivido. Esta es la historia que destierra, que lucha por tierra... y todas estas inquietudes, están a la luz de la humanidad para aquellos que quieren conocer el más allá, de cerca, y que necesitan saber que lo que sienten, es parte de una realidad concomitante que se expresa cada día más.

Tal día como hoy, en una mañana de verano, me desperté con mucha pasión, con mucha ternura por describir, descifrar lo que había soñado. Un mundo lleno de policromía, lleno de luces, sombras, imágenes y hasta sonidos, que se crea cada vez que dormimos. Y que al estar despiertos, pasa inadvertido. Ese mundo que compartimos cada día con muchos otros, sin saberlo. Son horas de vida que se pierden en ese devaneo, en ese sin sentido del sentido del pensamiento aparentemente nuestro, y del que siempre estamos rellenos. Algo que es parte de la vida, del mortal, del ser humano común. Un mundo lleno de fantasías vividas que se pierde en el ocaso de despierto, pero que encierra mucho de su existencia actual. Sus conflictos, sus contradicciones, sus desalientos, sus desamores, etc.

Mundo cada vez, lleno de sorpresas por descubrir, y que para algunos, marca pautas de su vida sin saberlo. Para otros, pasa como una estrella fugaz, rasante, a la luz de su camino. Que está allí; vibrante, audaz, raudo. Lleno de entuerto y enredo, de tinieblas, de obscuridad. O con grises y matices.

He allí, la simbología por descubrir de cada uno. Y cada quien, debe hacer este trabajo personal de descubrimiento: su simbología personal, soñar-despierto... Es como dice el poeta "caminante no hay camino, se hace camino al andar, golpe a golpe, verso a verso".

Pues bien, en lo apacigüe de la noche, del sueño, se dan muchas letanías, muchas altibajos, muchos horizontes, llenos de pasiones vividas que marcan y rigen el destino de una persona. Que somos sino sueños; sueños vividos. Vivimos en un sueño presente. Soñar no cuesta nada, es parte de la vida. Es la vida misma. Así transitamos por un camino lleno de esperanzas, atiborrado de desalientos, pero seguimos el camino. Recorremos ese camino, al caminar por el mundo, lleno de pasiones: pasiones humanas. Sueño para vivir y vivo para soñar. Ese es mi mundo, el mundo en el que todos habitan. Ya que como hemos entendido, es una ensoñación, dormido o despierto. Es un soñar incesante, baldío, pero, sueño al fin de cuentas. Sueños que se convierten en realidad. Es así que se intitula a "la guerra de los sueños, la batalla continúa".

Este tránsito, le produce sentido a todo esto: al mundo de los vivos, al de los idos, y al de los que están aquí...Visto así, el arreglo del escrito es concebido como: preludio; comunicaciones de sentido; una luz en el camino; abriendo puertas; más allá de los sueños; lo que esta no está oculto, sigue allí; un mundo de silencio tormento; al final del camino; epilogo; y anejo. Y se hace referencia-mención concreta al Ser Uno, la biblia y a algunos decires...

En esta obra, la redundancia y estilo van de la mano, en un ir y venir... Entre la complejidad y la simplicidad, junto a la admiración, comparación y criticidad...Y no es sobre los sueños propiamente, sino, un acercamiento a la metáfora *soñar-dormido-despierto* en el mundo dual...

Como dijo el profesor de inglés, Keaton, en la película "La sociedad de los poetas muertos...sólo en sus sueños el hombre puede ser libre".

COMUNICACIONES DE SENTIDO

Hoy día es uno de esos que se presentan con mucho desatino, lleno de altibajos, y de cosas sin sentido, pero con sentido de no saber lo que está ocurriendo, o lo que me está ocurriendo. Estar atrapado en un oscurantismo que quisiera descifrar. Voces del más allá, eventos y circunstancias que se asoman a la par, por doquier y que no terminamos de comprender. Ese es el camino lleno de espinas e intrigas que cada día se hacen más vivibles y apasionantes, de saltos y sustos. Por el placer o el pánico de conocer y saber qué es lo que me pasa y estoy sintiendo. Algo que quizás, le está sucediendo cada día más, a una gran e inmensa mayoría que no saben qué hacer o a qué atenerse.

Son comunicaciones del más allá que parecen más de acá. Y que nos confundimos al interpretarlas y presagiarlas. Y creemos que son cosas que nos están haciendo desvariar y que nos engendran temor. ¿Es acaso algo que no sabemos?, pero que está ahí, y vive conmigo, y contigo, y con todos. Los tiempos están cambiando y cada día se hacen más evidentes.

¿Qué es lo que pasa aquí y en todos lados que nos arrastra por un camino incierto y peligroso? Que nos están diciendo ¡¿Pero peligroso de qué?! Siempre engendramos temor por cualquier cosa. Y le damos un sentimiento y emoción que no es cualquier cosa. Y lo asociamos a algo malo. Y pensamos que todo es malo. Porque no estamos preparados para algo y para todo. Para vivir y para morir. ¿Y si es que morimos? ¿O morir es nacer? ¿Qué os pasa entonces?...

Esta es la historia verdadera de lo que sentimos en muchos momentos vividos de la vida humana, a los que no hayamos explicación, y nos aturde, y nos sobresalta y desasosiega. ¿Cómo combatir tales cosas? ¿Y cómo descifrarlas? ¿Qué es lo que es del más allá? ¿Y qué es eso? ¿Cómo se cose eso? Esas costuras que están rotas y hay que volver a hilvanar. Que nos atrae aquí, a estos presagios y eventos de la naturaleza humana que son más divinos que humanos. Esos imposibles cuestionadores.

Lo que ocurre es que estamos en comunicación con uno mismo y con los demás, de manera distinta, diversa y contradictoria, y no sabemos por qué. Nos habemos con muchas dudas e interrogaciones que no están resueltas todavía; ni por la ciencia, ni por lo espiritual. A pesar de que estos tiempos parecen estar indicándonos algo que va más allá de la vida humana material-espiritual que no conocemos ni tenemos claro. Esa historia está ahí, en el día a día, más viva que nunca. Y nos aferramos más a lo material que a lo espiritual. Y a todo le queremos dar una explicación material. Siendo que acaso no somos seres espirituales. Que habitan y habitamos con cuerpos, almas, y espíritus. Y he ahí el dilema. La dicotomía pareciera ser un capricho, un calvario pero no lo es. Es la realidad haciéndose cada vez más presente. Más audaz, rauda, por encontrarnos y conseguir lo que somos. Almas en evolución en el mundo humano, aspirando a la elevación, mediante el amor. El amor a todas las cosas y a todos los hombres, las personas. Todo se reduce a una palabra mágica. El amor inmaterial-espiritual.

Y ¿cuál es la inquietud que versa sobre la afamada palabra amor? El amor es lo que nos une, nos ata de alguna manera. Ese sentimiento atiborrado de mucha malicia, negación, incomprensión. Pero que al final, lo que somos es amor puro, reflejándose en todo lo que hacemos, buscamos. Que es, sino, amar de verdad verdadera. ¿Y cuanto amará, y como nos amamos, así mismos? Estamos atrapados sin salida, en el amor. Pero cuanto lo buscamos, sin cesar. Lo tenemos ahí y no nos damos cuenta. Porque estamos más pendientes de otras cosas que de uno mismo y de los demás. De ese egoísmo fatuo y verdadero que atrapa y corroe al ser humano. Ese individual que no mira lo real verdadero, lo que está oculto o lo que está presente, sino lo vano, la fantasía, lo impersonal-personal. Como decía el poeta, "Lo que somos…somos. Un cuerpo de corazones heroicos para luchar y no ceder"…

Ahora vivimos en un mundo de simpatía por el diablo, por lo gris, por lo mezquino, por lo circunstancial y banal. Atrapado en un mundo lleno de soledad, y atiborrado de fantasía y malos sentimientos de los unos para con los otros. Esa ha sido la historia de la humanidad que se ha venido haciendo, cada vez, más paulatina y rutinaria. Pero debemos encontrar el camino. Esa acción verdadera y de siempre; esa esencia de la que estamos hechos. De lo que somos o estamos compuestos: de comunicaciones de sentido. Pero ¿sentido con respecto a qué? Y digo yo… a ti mismo, a tu guía, a tu yo superior, a aquello que nos mueve, y nos eleva. A eso que está más allá de nosotros mismos. A lo que es verdaderamente… a lo que somos de verdad verdad…a imagen y semejanza de dios. Dios todo poderoso que habita en los cielos y en la tierra. Aquellos que nos hizo y nos atrapa en el mar de la felicidad verdadera, lo alcanzable e inalcanzable, pero que está ahí y convive con todos nosotros.

¿Cómo hacemos para encontrarnos entonces; a nosotros mismos? En nuestra verdadera redención, intermediación y adscripción espacial-espiritual. ¿Qué somos y de que estamos hechos? He ahí el dilema, porque ahora nos dicen que somos más que un cuerpo físico. Somos un ser espiritual, encarnado en lo material. Que estamos compuestos de alma y espíritu. Pero hasta ahora, nadie ha podido explicar y comprender ciertamente, como es esa conjunción, real y verdaderamente. Lo oculto en cada uno, en cada ser. Hay muchos artificios, artilugios, subterfugios, al respecto.

De lo que se trata entonces; es comprender, esas comunicaciones de sentido que se vienen dando y expresando de una manera paulatina y circunstancial que le llega a cada uno por diferentes vías y/o maneras, percibidas o no. He ahí de vuelta el dilema. Somos diletantes de la vida material-espiritual, acompañados de muchos conflictos y contradicciones. Pero el secreto está, en las comunicaciones de sentido; sentido común a todos los mortales de carne-hueso pero no de espíritus. Y se están viviendo muchos acontecimientos que están develando el secreto de la vida espiritual.

La pregunta es: ¿cuánto se está o estamos preparados?, porque aún estamos verdes, en pañales. Sólo unos pocos, han podido descifrarlo con la ayuda de los otros que están del otro lado del velo. Y creo que los tiempos no dan para mucho, porque apenas estamos comenzando, a pesar de que algunos crean y promocionen, el fin de los tiempos, y el comienzo de una nueva era.

Hay mucha tela que cortar, y camino que recorrer. Así que el fin en sí mismo, ni ha llegado ni llegara tan pronto. Eso es solo un problema de relatividad de las cosas que muchos acarrean, y de los que viven o quieren vivir de los presagios, intimidando a los demás. Haciendo de ello, una forma de vivir de lo material que discierne de lo verdadero espiritual. De los discentes espirituales que aún no comprenden, las diferencias de tal acción real y verdaderamente, y que siguen haciendo, interpretaciones de oficio material, para convalidar lo espiritual.

Atrapados en este mundo de las circunstancias vividas como negocio espiritual.

Pero lo que sí es cierto, real y verdadero, es que estamos ahora, a comienzos de la segunda década de este siglo, más sumergidos en un mundo espiritual que nos arropa y nos cobija de antemano, y que nos incita, a la búsqueda de lo real-verdadero del ser. Ese ser espiritual que somos todos. Y con más ánimos y mejores técnicas e instrumentos. Ayudados e intercedidos por el más allá. Algo que aún la ciencia, no podrá comprender, pero que no data de mucho, sobre su acercamiento. Puesto que si son seres espirituales quienes hacen la ciencia, investidos de una fragancia espiritual, entonces; ¿cómo es posible que no nos encontremos, o se encuentren a sí mismos? Es un dato curioso que está por resolverse.

UNA LUZ EN EL CAMINO

Este episodio, supone: la semblanza relativa de un hombre que tenía un sueño. Llevar amor a todos los hombres a través del bienestar, para que su vida, les fuera más grata y placentera, ante tantas penumbras. Ecos de dolor, amargura, y sin sabores en la vida natural, por tantos conflictos humanos- sociales no resueltos que fomentan la intriga, la envidia y la avaricia (agalludo/a) por el poder. Por dominar y someter a los otros, a su placer y vanidad egocéntrica. En tanto vivimos momentos duros y difíciles. Siempre atentos a las circunstancias. ¡Oh! que dicha poder darse cuenta y salir adelante. Es una lucha constante. Es una batalla por la vida. Pero y ¿que es la vida?, sino dolor y sufrimiento para la mayoría. O es que ¿hay alguien que escapa a tal despropósito? Porque, el que más tenga, aun así; sufre dolor para mantener y conservar lo que tiene. Es un mundo muy materialista que ha perdido su rumbo espiritual. Y apenas comienza una luz en el camino, de vuelta.

Lo que os pasa a todos es una sombra que subyace en las esferas de la mente estólida que se confunde en las ataduras del placer sin goce. El acumular riquezas, pero de que naturaleza, y ¿a consta de qué?

Nos las pasamos –la vida– tratando de acumular bienes materiales pensando que eso hace la vida más feliz y placentera. Y parece que venimos al mundo a sufrir semejante castigo. Y no nos damos cuenta de lo equivocado que estamos. ¿Acumulando para qué?... ¿Quién se lleva lo que tiene?... Nada de lo que posee y todo de lo que aprende y sabe. Aquello que vive y experimenta, goza y le produce satisfacción vivida, alcanzada con el esfuerzo, el trabajo compartido, y compensado en armonía con los demás.

Lo labrado material ¡no! pero espiritual ¡sí! El conocimiento, la sabiduría, el amor por lo que hace y por los otros. El amor de si mismo que es el amor por los demás. El amor por todo. El amor compartido y compasivo. El amor...palabra sabia pero que tan complicada...porque ¿Qué es el amor?...

El amor es la fuente de la vida. Vivo para amar, y amar para vivir. Si tal como está en la biblia: Dios es amor, y entonces, nosotros somos parte de Dios, luego; somos parte del amor. Y estamos hechos y compuestos de amor... amor puro, amor infinito...

Pero en ese ínterin, se producen muchas luchas y devaneos que nos atan al mástil de la vida inconclusa, caprichosa y sin sentido... Y la alzada y el mar, se convierten en tempestad. Y todo se empieza a desintegrar, a desmoronar, en migajas de pan. Pan y vino, pero que no son camino, a menos que sea compartido. Esta es la historia de todo caminante sin sentido que busca y encuentra la vida, en ese torbellino azaroso; en vez de alzarse con el pan y el vino, y dar gracias por lo que ha sido y lo vivido. Vivir para la vida viviendo como Dios manda: con el amor del/al prójimo. ¡Oh!...Pero qué cosa tan difícil y elaborada...

Comencemos por referir la anécdota de aquel hombre que sucumbía ante tanta inmoralidad y pobreza. Pero no por ello, dejaba de ser. Vivía para lo cotidiano y lo posible. Hambriento y calumniado por la vida social. Aquel hombre imploraba al tiempo y al entuerto. ¡Sálvame Dios mío! Exclamaba. Buscando en donde asirse. Y esperanzado en cambiar su estatus social. El dolor lo sumergía pero caminaba, tal como Ulises, atado al mástil, para no sucumbir al canto de las sirenas.

El ser pobre parece ser una calamidad y una desgracia social. Como si ese alguien, tiene la culpa de nacer pobre. Y nadie se da cuenta que esta es la condición social de las mayorías necesitadas, marginadas y oprobiadas por la vida y las circunstancias. Lo único que lo acompaña, es su fe y esperanza que son la armas con las que se cose el pueblo básico, al unisonó de sus lamentos y penurias.

Pero no todo está perdido, porque ¿si no? ¿Para qué es la vida? Para vivir los momentos. Los más sencillos pueden llegar a ser los más felices. Y ahora ¿cómo encontrarse a sí mismo, aquél hombre? Precisamente en sus sueños, en sus momentos más gratos, en los que alcanza migajas de felicidad. Y ¿cómo es eso? Ya decía en el templo de Delfos. Obsérvate a ti mismo.

Claro, cuan profundo para alguien, cuya condición social, deja ya mucho que desear, al cabo de ser un hombre común que difícilmente acceda a los confines de la filosofía griega. Pero lo que muchos no saben, es que en cada ser, habita toda una laboriosa senda y filosofía propia, erguida por el paso de infinitas vidas vividas, en espacios y tiempos relacionados. Ello está oculto en cada quien. Y cada quien, lo descubre a su manera. Porque una receta mágica o exacta no la hay. Como quiera que cada hombre es un ser espiritual, he allí, el secreto de sus sazones. Y todo tiene su tiempo y sus circunstancias. A unos más, a otros menos, pero a cada quien, le llega su tiempo y su estancia. Así, cada uno va construyendo su camino y descubriendo su morada, donde privan las bondades de la vida espiritual que se ajustan a la vida material.

Es así que aquel hombre, va desnudando lo que es, y a donde se dirige... Va labrando con su libre albedrio, su camino. Y sale a flote, porque va descubriendo en los demás, su propio peregrinaje. Cual senda que ha de caminar, a pasos distintos y agigantados, a medida que observa a los otros, y se observa a sí mismo. Y lucha por conquistar su fuero interno, en el reflejo que se le va presentando. Así va aprendiendo y dándose cuenta. Y ya el hombre, deja de ser lo que era para ser otro distinto y diferente. Y comienza a conectarse con el mundo social de manera diferente. Y empieza a verse diferente. Pero en ese atinar, también se da cuenta que arranca a comportase como los de arriba y a criticar a los desatinados de abajo...Y se distrae y aparta de sus raíces. Y toda esa familiaridad espiritual, comienza a desvanecerse por lo material. Y cae en la trampa de los que tanto le marginaron, en su vieja condición social. ¡Tremendo embrollo! Porque resulta como un patinar. Ahora que aprendiste, te burlas de los que se caen... ¡Qué desmemoria! ¡Te olvidaste de ti mismo!

Esa es la historia de muchos que dan una vuelta de 360 grados pero que en ese ínterin, parecen quedar de cabeza, boca abajo; es decir, invertidos en su posición de origen. Y la historia de este hombre, ha sido la novela del mundo conocido, a pesar de su progreso y desarrollo. Y ha tenido, cual circunferencia muchas veces, en muchos tiempos y espacios asociados, para volverse a encontrar a sí mismo, y de vuelta, pretender... volver a su posición original de manera distinta, espiralmente hablando, en otra circunferencia. Mira lo que ha tenido que rodar. Y vacilar para volverse a encontrar, ahora, en condiciones societales, diferente. Las vueltas que ha tenido que dar el alma en la carne. Todo es obra y gracia del alma-espíritu encarnada que habita en ti, pero en otra sintonía.

La maldad que habita en ti, en mí, y en todos, es una condición del alma encarnada, en evolución hacia el espíritu que se va disipando lenta y pausadamente; en unos más, en unos menos. Se es malo y bueno por naturaleza. Cuanto más de uno u otro, es cosa seria. Y depende del camino que ha transitado cada quien. Y es una cosa relativa en espacio y tiempo espiritual, en su infinito trajinar. Sólo en el camino hacia el amor, se va disipando, semejante comparación. Los matices y los grises. ¿De qué lado estás tú, en cuánto y tanto?...

Verdad que son odiosas las comparaciones, pero es la única forma que tenemos por ahora, para progresar. Y no estoy hablando de progreso material sino espiritual. O es que no sabías que todo es espiritual. Y todo el problema deviene o deriva de lo material; de la frecuencia vibratoria, y de la zona inter-grado-dimensión en que te encuentres. Así, cada uno viene a cumplir su propósito de vida espiritual. Y necesita un cuerpo dimensional, según donde te encuentres. Y como el alma necesita un cuerpo con el cual expresarse, ocurren los eventos en el grado-plano dimensional que por ahora, es de tercera. Pero ojo, no vas para atrás, si es que de lado y polo estamos hablando, o de adelante, si es que de eso se trata. Porque todo es relativo y circunstancial. Si es que ello, existe. Porque todo lo queremos ver en la fantasía del mundo humano terrestre.

*T*odo es confuso. Nada es como parece, ni nada es. Es sólo mera referencia: relativo a sí mismo; recurrente por los acontecimientos que se originan y parten de un evento; y recursivo, porque tiene la capacidad de generarse espiralmente, como un acordeón, quizás..., pero uno tras otro, según se dé el arranque del anterior. Y no tiempo ni horario ni espacio en el escenario. Es de aquí y de allá y de más allá. Es todo y nada. Es principio y fin, es alfa y omega. Por lo que todo es relativo y circunstancial.

Pero también, es la reflexión de ti mismo, contigo mismo. Ya lo dijimos. ¿O no? No es ver para creer como nos han enseñado, sino, creer para ver. Porque no es afuera, es adentro. Es arriba y abajo. Es al lado y al otro lado. Es al frente y detrás. No hay una posición definitiva o definida, y ni tampoco un cielo ni infierno. Ni verdad ni mentira. Es lo que es, y sólo es.

Todo lo demás, es un cuento de camino inventado por los humanos. En un mundo material, de medición espiritual. Porque son las almas a su paso, quienes crean todo en la tierra. O acaso, no somos todos: almas-espíritus encarnados o en la carne, si le parece mejor. O es que acaso, la tierra ¿no es la historia de la evolución humano material-espiritual? Y todo lo que se supone que existe en la tierra no natural, ha sido inventado por el hombre. Entonces, ¿qué es el hombre? un *cocreador*.

Así, todas las creencias son originarias de los hombres, con todas sus valoraciones, históricamente hablando. Y han trascendido de generación en generación. De evolución en evolución. De progreso en progreso. De medición en medición. De causa en causa. Y sólo lo que vemos la mayoría, son siempre, efectos colaterales y eventuales. Pero verdades verdaderas, no hay; sólo relatividades. Aunque están apareciendo, y han empezado a hacerse evidentes. Es cuestión de tiempo, pero mucho tiempo. No es ya, ni mañana, ni pasado mañana. Ni el año que viene ni el otro. Aun no se ha dicho ni precisado. Ni se dirá. O quizás si... Pero ira ocurriendo en tiempo presente. Como dice la máxima: "lo que ha de ser será y lo que ha de venir vendrá".

ABRIENDO PUERTAS

Todo parece indicar que las puertas se están abriendo a pasos agigantados para unos, y a pasos lentos para otros. Lo que sí es cierto, es que algo está pasando, y pasando a la luz de todos los que perciben, como el tiempo se va diseminando más rápido. Hay muchos augurios al respecto. Pero ¿de qué puertas se trata? He ahí el dilema. Y ¿cuándo? La apuesta es porque sea pronto. Pero ¿para qué? No dejo de preguntarme. ¿Qué quiere cada quien traspasar, entrar, acortar? Es una pregunta difícil para una respuesta, también, difícil. Cada quien va perfilando su camino, a su paso y ritmo. Eso depende de su libre albedrio.

En lo que nos entonamos, es en la forma y el fondo. Y de eso se ha escrito mucho y se desvaría mucho también. Las religiones están plagadas de ello. Los dogmas, doctrinas, místicos, haraganes y holgazanes espirituales (viven de lo espiritual), de lo oculto, los pronosticadores y profetizadores, por decir, profetas del desastre o de la alzadura, etc. La biblia dice: ¡deja los niños venid a mí, porque de ellos es el reino de los cielos! Si todos nacemos como niños, es porque todos venimos del cielo. ¿Y donde está el cielo? ¿Y el infierno? ¿Qué es uno u otro? Algunos creen que el cielo está arriba, otros creen que el infierno está abajo ¿Por qué esa extraña conjetura? Si todo lo que sube baja y todo lo que baja sube. Porque nos empeñamos en horizontalizar o verticalizar, en un plano en el espacio-tiempo. Pero resulta que el que se para en el norte, está inclinadamente parado. Y el que se para en el ecuador esta horizontalmente parado. Y el que se para en el sur, está verticalmente parado con la cabeza hacia abajo. Porque el globo es redondo y ovalado, abultado y achatado.

No hay una posición fija sino relativa, ya que todo está en movimiento y en dinámica. Todo rota, gira sobre si, y sobre todo. Entonces, ¿donde está el cielo y el infierno? ¿Porque creemos que vamos para arriba (elevamos) y no para abajo? O es la misma posición relativa en espacio inter/intra dimensional. ES EL MISMO SITIO visto desde donde... Lo que está ahí, está allí. Es multidimensional. Puede que no esté descubriendo el agua tibia, porque esto se ha dicho. Tampoco intento descubrir nada. Cada quien que descubra lo suyo. Pero es manejado confusa e intencionadamente por muchos para muchos. Sobre todo, bajo el pretexto de la fe y las creencias. Como dijo el poeta: "Lo que somos, somos; un cuerpo de corazones heroicos, con mente y destino, dispuestos a luchar y no ceder". Tamaña trampa.

Nos las habemos con múltiples capas de la vida infinita, dispuesta a todo por alcanzar el alfa y omega, el principio y el fin. Y en ese peregrinaje andamos en un mundo de tercera dimensión. Buscamos, buscamos, buscamos ¿Qué encontrar? Si ya lo tenemos y no nos damos cuenta: Amor. Dónde estás corazón que no oigo tu palpitar, como la canción. Es tiempo y destino. Volvemos al comienzo ¡¿Qué es el amor y para qué sirve?! diletante de los sueños. Entonces qué es lo que buscas si ya lo tienes. Sueños compartidos. Pero, ¿dónde están los sueños? ¿En otro plano? He ahí, un falso dilema. Los sueños, ¿sueños son?... Los amores, ¿amores son?...

Y tú ¿qué puertas estas abriendo? ¿Dónde está tu corazón? La razón priva al corazón pero no hay razón sin corazón. Hay que unir a la razón y al corazón. Recién reunido en una zona muy espiritual (Sedona) del país más desarrollado, dominante y opresor del mundo actual; una persona, considerada por muchos con un importante grado de elevación espiritual, atinaba a predicar que la lengua unida al paladar hace que el cerebro y corazón se comuniquen en meditación profunda...Ni asiento ni disiento de ello, porque es la práctica, en tanto experiencia y vivencia de cada quien que hace de tal axioma, verdad verdadera o frustración palaciega...Es una conexión material para una conexión espiritual...Es en lo sencillo, simple, donde está la grandeza del todo, en tanto lo complejo es lo que amaña la realidad.

En todo caso, en el cuerpo está el espíritu, el alma y la mente que son los tres componentes más buscados, leídos, idolatrados y apasionados del género humano. La mente está en el cerebro pero también en el corazón, en los intestinos, en el estómago, en la piel, en las células, en el ADN, y en todo el cuerpo, porque todo piensa y actúa según su condición al unisonó de otros, en armonía vibratoria ocasional por el evento o circunstancia acontecida, en el devenir de la vida misma (material-espiritual). Es el alma y el espíritu lo que dan vida a la materia. En tanto, todo tiene alma y espíritu, en uno u otro grado vibracional. Es el espíritu, la verdadera luz de la vida. Y el alma, el medio de transporte que almacena, guarda, conduce, permea, por lo que entra y sale, al son del espíritu. El espíritu es el sonido eterno e indubitable. Sería como si el espíritu ordena, el alma conduce, y la mente-psique, programa y manifiesta en el cuerpo-material presente. Y el cuerpo-material presente a través de la mente, que siente y padece, manifiesta al alma que conduce y pide permiso al espíritu organizador y ordenador de todo y el todo. En tanto, el espíritu es en muchas dimensiones, lo que es: la esencia del ser.

Así todo, vive y convive en armonía divina, por la gracia del espíritu santo (ser elevado) que es a fin de cuentas, el propio espíritu encarnado en presencia y esencia, en conjunción-unión con el todo y para el todo, asistido por todos. Es el alma evolucionada y elevada. Ya que la elevación es un proceso de convicción consciente (despierto), y está viene a suavizar la creación humana y la cocreación espiritual-material para la supervivencia y mantenimiento del alma, y la potenciación del espíritu, mientras el alfa y el omega, se acercan para encontrarse en su justa dimensión espacial-sensorial. Al final de todo, es a esto a lo que aspiramos.

Decir cuando es el comienzo y el final, sería una herejía, por cuanto nadie aún lo sabe...Y no será de conocimiento de unos pocos sino de muchos, hasta entonces... Cosa que tampoco es el final de nada, sino el comienzo de otro, que siempre se juntan...Es una espiral, como la geometría...Perfecta...Y así es el todo...

MÁS ALLÁ DE LOS SUEÑOS

*E*sta *el perdón*. Este comienza con el "Self" o el "ismo", o sea; el sí-mismo. Sin embargo, ¡¿qué es el perdón?!... cosa seria. Es el desprendimiento de algo por algo de alguien. Y ese alguien es tu "yo". Tú mismo. Lo que quiere decir, es: sacar desde adentro algo que te condena y no te deja vivir. Y comienza por ti mismo. Sólo se perdona si te perdonas a ti mismo, luego a los otros, y los otros a ti. Es una espiral del perdón. Y tiene muchas aristas... pasadas que son presentes. Tiene que ver con el ciclo de la vida y las vidas pasadas. Es un acordeón en el ir y el venir... del aquí y del allá y del más allá... es el uno mismo muchas veces, con muchos otros, otras tantas veces...

Para perdonar se requiere la capacidad de perdonarse a uno mismo, es decir; reconocerse a uno primero para luego a los otros, después... Y saber pedir perdón, supone saber amar... pero amar es algo más... ¡porque! ¿Cómo puedes amar a otro si primero no te amas a ti mismo?... Es el "yo" conmigo y luego el "yo" contigo, aquí y ahora, y nada más... Pues yo soy "yo" EN VARIOS PLANOS... En el pasado, presente y futuro, en el aquí y ahora, en la vida que viví antes (pasada), en la de ahora y en la que viviré al retorno del más allá... Estamos hablando de varios planos-grados dimensionales... Esa es la espiral ascendente de la vida espiritual.

Esta la Vida. Hay que vivir la vida intensamente. Gozoso es lo que manda la vida. La vida misma. Es la vida del uno con el otro, y el otro con uno. El placer de amar amando lo vivido. Decía Mandino, "vive cada día como si fuera el último de tu existencia". Y el poeta Whitman, espeta: "¡Oh yo...oh Vida!...de las preguntas repetidas...de los largos trenes de pérfidos...de que sirve estar entre ellos...". Y a ello responde de esta manera: "Que tú estás aquí...que la vida y la identidad existe..." Y agregan en la película sobre la sociedad los poetas muertos: "que la poderosa obra continúa...que tú puedes aportar un verso... ¿Cuál sería tú verso?".

Quizás, porque la vida es como un verso que cada quien compone a su manera, a su libre albedrio, a su propio ritmo. Entonces, todos somos co-creadores de lo que pensamos, sentimos, decimos, hacemos, vivimos... Y todos en el mismo barco, en el mismo lugar, en la misma huella, en la misma trampa, en la misma calamidad, en el mismo cielo y/o en la misma tierra; es decir, en el mismo sí-mismo con los otros y para con los otros... No se está solo, sino en la espiral de la vida.

¿Se vive para morir o se muere porque este vivo? Y entonces, ¿a qué he venido? He ahí el dilema diletante. ¿Sólo se vive una vez o muchas veces? ¿Tendría sentido vivir una sola vida? Entonces para que nos preocupamos del bien y del mal. Y de lo que hice o deje de hacer... Aún más, qué sentido tiene para los que viven poco, o que no superan la infancia, la adolescencia, juventud, en contravención con los adultos; a los sexagenarios, octogenarios, centenarios... Es la vida misma, un vía crucis: un trabajo, una aflicción.

El arte de la vida es tu obra. Donde están las enseñanzas de Jesús de Nazaret (Conocido antes como Joshua Emmanuel o Jesod). Amados los unos a los otros, como si fueras tú mismo. Obra bien para ti y para los demás, y no mires a quien. Lo que sigue es: sé un servidor. Ese es el camino. Y entonces, ¿por qué no lo cumples? ¿Por qué no se cumple lo que tanto se pregona?

*E*sta el Amor. Al cual nos hemos referido en apartados anteriores pero que aún lo sometemos a dubitación. Porque: ¿qué es el Amor? ¿Alguien sabe? Es algo de lo que muchos hablan y predican; enarbolan, discurren, discursean, se jactan, pero que en la historia de la humanidad, ha tenido poca práctica. Y en ese tránsito, ha estado plegado de guerras, odio, ambición, ego, distorsión, desarmonía, desunión, y pare de contar... Y aún es la más infortunada forma de conducirse y obrar, posiblemente; por la inmensa mayoría de los seres humanos en esta sociedad dual, en detrimento de lo que representa, expresa, asienta y afirma el amor. Aunque es el centro del tema espiritual de toda la atracción humana.

El amor es una palabra que se categoriza, quizás, como la más importante de la jerga humana, pero por dispersión es la más lejana. Te amo, me amas, nos amamos, y me amo a mismo. Porque: ¿Cómo puedo amar a otro sino me amo a mi mismo? Es lo mismo que el perdón. El perdón y el amor son dos caras de una misma moneda, donde el canto (su tercer lado) es la vida. Es una trilogía: amor, perdón, vida. ¿Cuál esta primero, segundo, tercero? No sé. Póngalo como quiera, en tanto no sé si existe orden. ¡¿Si perdono?! ¡Amo! y ¡¿si amo?! entonces perdono. ¡¿Oh no?! ¿Qué eliges? Porque la vida es una elección.

Yo elegí venir y estoy aquí y ahora. Eso quiere decir que elegí amar y perdonar. Por amor murió Cristo. Y han muerto muchos... Y ¿cuántos han muerto por perdonar? El amor está en todo: en lo que habita, en todo lo que es y no es. Te guste o no te guste, lo entiendas o no. Está aquí, allá y más allá... Está en el cielo, en la tierra, en el agua, en el fuego, en el éter... esparcido en el universo pero está... Es la permanencia infinita...

En un pasaje bíblico de Mateo, expresa que "Dios es amor...". Por lo que todo es Dios, en tanto es amor... sino hay amor no hay Dios... Así todo; la vida es Dios, en tanto el perdón es Dios, y todos somos Dios: amor, vida, perdón. Y tú, yo y los otros, somos esencia, presencia, potencia y fractal de Dios... Y esa es la energía que nos tiene aquí y ahora en esta dimensión...

De tal modo que el amor es una expresión que escapa a la

45

comprensión del mundo humano actual, en tanto transversaliza todo lo que es, en esencia y consciencia, y ello es algo que la mente-psique (alma) humana necesita configurar. El amor se constituye, genera y plasma en el espíritu activo-creador más allá de esta dimensión existencial. El amor es una policromía celestial, divina y sensorial. Así que aún no sabemos amar ni de amor puro e incondicional. En tanto el amor, es la manifestación verdadera del entendimiento en el conocimiento de elevación universal-espiritual que excepcionalmente, perfecciona todo ser-espíritu en su concreción, y que es referido adecuadamente en los libros del SER UNO. A fin de cuentas, el amor es el verdadero intermediario de todo lo que es y no es. Es el verdadero equilibrio del todo y de la nada. La balanza perfecta. Del vacío y el lleno. Del ente, objeto, cosa, sujeto, unidad, cuerpo, organismo, partícula, nano, etc...

*E*sta la Energía. Y de vuelta surge la pregunta: ¿Pero qué es la energía? Es luz. Y donde queda la oscuridad. Si todo se mueve, es cinético... Luego la oscuridad existe en el movimiento. Lo que es compacto es oscuro porque tiene la luz condensada, es decir, la oscuridad es más densa... Por consiguiente, lo oscuro es más duro, más fuerte en consistencia... y si Dios está en todo, entonces está en la luz como en la oscuridad... El cuerpo que conserva la vida es la oscuridad... Pero toma nota: el amor es luz y donde hay amor no hay oscuridad.

*E*sta la Búsqueda. ¡¿Pero cuál búsqueda?! ¿Búsqueda para qué y por qué? ¿Por qué insistimos tanto en ello? ¿Qué vinimos a buscar y donde? Está sólo en la tierra, en la que germinamos. ¡Y qué! ¿Es que acaso no hay otros lugares?

Porque aquí y no allá, y más allá... Muchas preguntas y pocas respuestas... Y respuestas inconclusas, no convincentes... Habrá a los que sí y a los que no... Muchas derivaciones se argumentan en nombre de Dios y la religión o la espiritualidad misma. Depende del libre albedrío y/o del entendimiento. Y de la conciencia: del estar aquí y ahora.

Toda búsqueda, engendra desánimo y frustración, pero también perseverancia. Es la necesidad de desmontar algo; de demostrar algo; y ese algo es algo porque vivir y porque luchar... Es como si la vida fuera una lucha perenne por alcanzar algo. ¡¿Pero alcanzar qué?!... Y que pasa si alguien no tiene ese conflicto interior-exterior. ¡¿Existirán seres con esas condiciones?!... De nuevo flotan las preguntas sin respuestas a priori...

Se dice de los que han alcanzado el nirvana: categoría expresada por Buda (mejor conocido como Siddhartha Gautama) que caracteriza el lograr la sabiduría y el conocimiento perfecto, mediante la liberación: de los deseos, y en consecuencia, control emocional; control de la excitación y la tensión; conciencia individual y colectiva; y de la reencarnación. A través de la meditación y la iluminación. Es decir, la "Liberación espiritual completa". Y ahora, ¿quién o quienes logran o han logrado alcanzar tal propósito?... Y ¿cómo, por qué y para qué? Son las preguntas que tendremos que hacernos. Y las respuestas están en uno mismo. Así que encuéntralas. Porque de quien se habla es de uno mismo. De cada quien, según su merecimiento.

Meditar se puede, mediante métodos y técnicas con una práctica constante y perseverante, en tanto supone, estar en el centro; en el equilibrio mismo; en balance, en el sí mismo. Es decir, meditar es ser consciente en tiempo presente. Es la significación de un estado "Iluminado" ¿Y qué te da tal condición aquí en la tierra actual? por el dualismo, por el asunto del "Ego", la "Egolatría" y la "Idolatría", y "la superioridad de uno para con otro", y el acto de "dominar unos a otros"... Puede alguien: ¿ser "Iluminado" en la tierra? Al fin de cuentas: ¿es la "iluminación" el propósito final de la reencarnación en la tierra? En tanto cuanto, la "iluminación" puede ser entendida como aquel proceso que caracteriza el alcanzar lo antes dicho: "liberación espiritual". Pero, ¿sobre qué y por qué? Es muy simple y muy complejo a la vez: el *amor puro e incondicional*. A Dios, a ti mismo, y a los otros. Si "Dios es amor", entonces ¿qué somos y qué buscamos?... He ahí la respuesta... Lo duro es el proceso... Porque no se alcanza sólo, si los demás no lo alcanzan... Al menos, no en la tierra contemporánea... No en esté plano-dimensión...

*E*sta *"El Todo"*. Esta el aquí y el ahora. Estoy yo, estás tú, están ellos. Están los otros: lo que no están. Y Están los demás: los que vienen y van... Así que están todos... Y si están todos, entonces esta Dios... Y si es así, entonces que falta: amor puro-verdadero e incondicional. Porque, ¿quién puede decir que no ha amado, querido, suspirado, llorado por otro?... Ni el más malo de los mortales... porque aún así; siendo malo, ha disfrutado lo que ha hecho para bien o para mal de uno u otros... En esta vida, en otra u otra... Y el castigo, si es que puede llamarse así, será retornar-encarnar para suplir su Karma-Darma (debilidad, dificultad, y superación mediante aprendizaje, gozo y amor)... Dentro de la espiral universal del amor puro e incondicional, aquí, allá y más allá… Y en el plano dimensional que le sea propio, según su frecuencia vibratoria-cíclica-energética-corporal-material-espiritual… Y esta es la preocupación de muchos o de ninguno… Cada quien según su espiritualidad… pero de que les alcanzará-tocará, con toda seguridad así será hecho…

LO QUE ESTA NO ESTÁ OCULTO, SIGUE ALLÍ

Usted, yo, y los otros con sus patrones-valoraciones-creencias. Esos engramas que acarrean compromiso y dificultades a la vez, susceptibles de ser evaluados y superados categóricamente: hablando de imágenes, sonidos, colores, sabores, tenores, temores, tonos, formas y fondos de circunstancias y atenuantes, etc. Es decir, de abstractos que cada quien debe revisarse en su conciencia-subconsciente, en su yo interior que le causan malestar, desarmonía y desasosiego, del ahora presente y sobre todo: del antes vivido, en esta vida y en las otras. Porque encierran mecanismos que la mente y las esferas mentales, las memorias erróneas, siempre traen a colación. Y en algunas disciplinas, religiones, ritos, y grupos, suelen tener métodos y técnicas para solventar-superar ello. Y quizás una de las más hermosas es la que plantea el "Ho Oponopono": *lo Siento, Perdona, te Amo, Gracias.*

Usted puede conseguir tanto como quiera de esto en Internet, o bien, agruparse o conectarse con un grupo o religión que considere y le sea apropiado y asiduo, de acuerdo a su libre albedrío y su búsqueda espiritual-personal. Pero búsquelo y encuéntrelo, porque ahora se trata de usted y de los otros. Y no estamos solos, ni se puede seguir solo. Aunque tenga presente lo que ya hemos dejado en el tapete, a fin de no caer en las maniobras de otros: de la manipulación y los falsos profetas-maestros-guías-charlatanes-peseteros. No obstante, le prevengo que estos tiempos son de conseguirse a uno mismo, no perseguir profetas-maestros-guías, por cuanto usted es su propio templomaestro-guía. Busque en su interior, sus respuestas que allí con firmeza hallará... Persevere, sea constante, medite, ore y actué en consecuencia.

El camino a la sabiduría es largo, profundo y complejo, pero la perseverancia y la constancia es una disciplina a cultivar. Y en tanto, andar en grupo o con un grupo, siempre es deseable-bueno, y nunca esta demás, hablando colectivamente. Aunque su responsabilidad es individual-personal. Nadie salva a nadie. Sálvese a sí mismo. ¡¿De quién?! De usted mismo. Usted es su propio y más fuerte competidor-contrincante.

La ayuda que usted necesita no es de este mundo, así como dijo Jesús de Nazaret (El Cristo): "Mi reino no es de este mundo". Busque en su mundo interior a su "YO" interior. Su DIOS... Y además vocifero:

"Si quiere venir en pos de mi... tome su cruz y sígame...Yo soy el camino, la verdad y la vida y no se viene al padre sino por mi...". Pero no exactamente a él en persona, sino a los principios y legado que dejo. ¿Y qué significa ello? ¿Qué realmente expresa esa frase? El camino es la luz que es equivalente al amor, y que es la verdadera vida, en su mundo, donde la materialidad corpórea, no existe. Sino, la armonía, el equilibrio, lo sutil, continuidad, correlación, vibración, frecuencia, ritmo, y más... Donde la plenitud es la norma... En grado, plano y dimensión adecuada, según su alma-espíritu cumpla con los fines de las categorías-palabras, antes mencionadas...

Primer gran mandamiento: "amaras a Dios por sobre todas las cosas". Es amarse primero a sí mismo y luego a los demás. Pero ojo: que no lo traicione su ego, y se crea luego que ya está iluminado, ascendido y por sobre los demás, y se autocalifica o pretende que lo califiquen de maestro-guía, etc. Ya lo hemos dicho. En tanto el segundo florece de: "Amaos los unos a los otros...". Que cosa más grande y que tan difícil ha sido para la humanidad, para mí, para usted, y para los otros... Vea lo que está alrededor suyo: en su familia, su comunidad, vecindad, su país, el país de al lado, del norte, del sur, del este, del oeste. ¿Por qué se matan? Por creencias-religiones pero también, por dominar unos a otros. Por apropiarse de sus recursos energéticos. Por creerse dueños de la verdad, por *ambición*, etc. Y por una gran carencia de quienes se dejan dominar-subyugar.

En tanto expresa el nuevo testamento, en Mateo: "Dios es amor y el que le ama...le ama en espíritu y en verdad, lo que es de espíritu, espíritu es y lo que es de carne, carne es...". Luego, *la ecuación perfecta: Dios = Amor = Espíritu = Verdad*. Entonces, ¿de qué carecen? De Amor al prójimo. Es decir, de sí mismo.

Así, lo que prima es la carne, que es lo material. Pero también, hay que aprender a diferenciar lo material de lo espiritual. A la materia de la energía. No hay materia sin energía, ni energía sin materia. Cuando la energía se comporta como materia o viceversa: eso es cuántico. Eso es de Dios. Suyo y mío, de los otros. Los que no están visibles pero están. Y forman parte del uno y del otro, y del sí-mismo, y de todos.

Una sociedad-gobernada quiere resolver sus problemas a costa de los otros. Esta ha sido la historia del mundo humano-social. Y no tienen estos predicados, dos mil años en la era cristiana.

Entonces, cuánto tiempo se necesita para entender-comprenderlo y actuar en consonancia.

¿Qué tiene que pasar?... Una apuesta a la destrucción del mundo terrestre. Bueno, esto ya ha sido anunciado, y no estoy descubriendo ni develando el agua tibia. Eso está escrito en el apocalipsis y en muchos libros-pergaminos y más, en los libros electrónicos del SER UNO, etc.

Que espera usted, yo, los otros y los demás que habitan este mundo. No sea seguidor de nadie. No se ate. Sea seguidor de principios y legados que valgan la pena, fuertes y contundentes, pero póngalos en práctica de verdad verdadera. Hágalo suyo y de los demás. Predique y practique. Sea un militante del amor puro-verdadero e incondicional. Eso es amor y Dios es amor. Entonces, usted es parte de

Dios... Dios está en usted y usted es un Dios en potencia, y será iluminado. Y lo que es de Dios no es de los hombres. Estamos hablando del nuevo supra hombre en otro espacio-dimensión.

Aunado a ello, estamos contestes que han habido grandes hombres con grandes propósitos-iluminación que han llegado-cumplido su papel-protagónico en la tierra, en diferentes tiempos-áreas-territorios. Y la historia occidental y oriental ha dejado constancia de ello. Y los hay, en estos tiempos convulsionados de cambios-transformaciones, y que están aquí, para ayudar a cumplir el propósito de los nuevos tiempos-era en sumisión-misión. Algunos hemos oído-conocido. Y el cumplimiento de profecías, encontradas unas; entrampadas otras; pero profecías en fin de cuentas.

Nada es determinístico como tampoco casual, porque aún no se ha dicho ni determinado nada con certeza. Hay que tener cuidado con los profetas del desastre, porque no se puede infundir temor para pretender que la gente tome conciencia de lo que se avecina, en tanto, lo que se trata, es defenestrar el temor-miedo y sobre todo: individual, y no menos, colectivo. Ya que es evidente que vivimos tiempos convulsionados por el odio, la conspiración, y la dominación-subyugación de unos sobre otros, en todos los estratos sociales. Y dentro de la sociedad, el sector más patente de todos, es el político; porque siempre ha sido el más perverso. Y se deja ver, en una eventual guerra mundial en progreso que avecina la cuarta, con proporciones inimaginables, y que quizás, pueda acontecer más temprano que tarde. Y no estoy vaticinado nada. Pero está latente como la espada de Damocles.

Es público y notorio, lo convulsionado que esta el medio oriente. Y es precisamente esta región de la tierra, una de las más importantes que llevan a cabo la explotación de importantes reservas petroleras (el petróleo se considera energía enferma, oprobiosa y dañina) que termina siendo, la energía fundamental que fluye de la madre tierra (a la par de Venezuela). No es un hecho aislado, espiritualmente hablando que se encuentran en el centro abultado de la tierra, y en tanto connotación espiritual, las creencias judeo-cristianas del mundo occidental, proceden originariamente de tales zonas, en conflicto. Situación que tiene su reverdecer también, en históricas desavenencias por creencias-culturales-religiosas. Mal entendidas y mal practicadas, y desvirtuadas.

Lo que estamos presenciando entonces, es el fin de una era y el comienzo de otra, tal como señala las profecías mayas, y sobre todo, lo canalizado-publicado sobre el SER UNO. Es un nuevo ciclo que acarrea reacomodo terrestre (de la madre tierra), pero también, cambios a nivel psico-mental-espiritual de quienes habitamos este planeta. Y hay que habituarse a ello, y lograr en colectivo y en unidad que el transito sea de paz, amor, armonía y felicidad. Por lo que ello depende de todos nosotros. Así que cada uno cumpla su propósito, su misión; en amor mayor.

UN MUNDO DE SILENCIO
TORMENTO

Hoy es el ayer como el futuro es hoy. No hay nada que no gire ni rote en espiral de vida y simpatía... todo fluye de un lado a otro, si de lados se trata... Lo que soy y esta aquí es ahora, y ahora es hoy-mañana... Pasado ya estuvo en el hoy y ahora... Todo está allá y mas allá... Entonces, y desde luego, todo fluye...Sigue su curso... Es un mundo de silencio tormento. ¿Pero a que se refiere esto? Es a la vida y al mundo de lo vivido, pero también a lo que traemos de otras encarnaciones vividas. Lo que nos ata y capa. Precisamente lo que está aquí y ahora... Vamos a resurgir... Nos encontramos en perenne trajinar de aquí y de allá... El tiempo es relativo y pertenece a esta realidad, y se mide lineal, más no es así, en otro plano dimensional, con el que convivimos-existimos en estado álmico-espiritual. Y allí las colas se juntas en espiral circular. Por eso hablamos de dualidad o mundo dual. ¿Qué quiero decir con esto? Que no estamos solos... Que existimos en diferentes planos, unos con otros y con los otros, y con uno mismo, en su realidad dimensional a tientas... Conocida y desconocida...

Y allí hay una dinámica de acción-interacción, representación con la que actuamos-intervenimos, en tiempo presente-ausente... Es una dualidad dimensional de múltiples caras; consigo mismo, y con los otros (los demás), en la morada secreta del altísimo... Intervenimos en lo sueños y no sueños, en los momentos presentes del aquí y ahora, y del después del todo o en el todo... A imagen y semejanza del creador, y con el creador universal... Uno con el todo y el todo con el uno… Así es la cosa materia-espiritual. Porque todo tiene materia y espíritu en una u otra forma; cuanto más de uno de otro, eso es relativo a el espacio dimensional en que se encuentre-entienda-comprenda, ubique-oblicue…

*D*iversidad *de mundos, pluralidad de mundos…* Decía Jesús (Joshua): "Mi reino no es de este mundo"… Y se Refería a la morada secreta del altísimo… ¿Y porque el tormento?… Buena pregunta ello… Al fin y al cabo, lo desconocido engendra ello… Y el miedo a lo desconocido como la muerte del guerrero, si es que todos somos guerreros en esta tierra de Dios, que es tuya, mía y de los otros… Lo mismo y él mismo, en el sí-mismo, y con los mismos, de aquí y de allá y del más allá… Es la fantasía, alegoría dimensional que alude a lo normal-paranormal y que vuela-revolotea en el aire, en los cielos que cuentan la historia de amor y dolor humano-no humano, espiral ascendente... Porque de ahí venimos y ahí volvemos...

En tanto-cuanto, avistamos planetas, estrellas, sistemas y constelaciones... Universo infinito, creador y hacedor de todas las cosas... ¡Comunicaciones de sentido-sin sentido!, para unos si, para otros no. Pero eso es el aquí y ahora...El espacio de tiempo dimensional material-espiritual...En lo que andamos y seguimos buscando, auscultando y encontrando... Es cuestión de tiempo terrestre a futuro... Y lo que intentamos comprender en tiempo presente: ¿de dónde venimos y a donde vamos? Y aun peor o mejor: ¿porque estamos aquí?... Cada quien busca su propia respuesta, si la hay. Porque no es suya, es de todos y para todos, y está en camino. Se acerca pronto pero a su ritmo, tiempo y destino, y hemos de saberla, y encontrarla en tiempo futuro, porque iremos y volveremos, según la rueda cíclica del aquí y del ahora, y del por ahora...

Nadie tiene la respuesta concreta-presente, porque es un proceso en construcción-destrucción, como todas las cosas humano-social-espiritual: idas, venidas y por venir... El devenir de los tiempos... O es que acaso usted creía que yo, y los otros, o con los otros, tendríamos la respuesta... Lo único que aspiramos es al mensaje: darlo de la mejor manera posible que nos es permitido, y quizás ayudarlo a comprender, en tanto intentamos entenderlo, nosotros mismos...

Esto es todo un proceso de aprendizaje-práctica-entendimiento-complemento-surgimiento... que reviste disciplina, organización propia y acto respetuoso... En tanto meditación-acción y trabajo continuo, consigo mismo y con los demás. Es el acto de amor por ti, por mí y desde mí, por los otros y con los otros... Lo que siempre nos ha sido dicho, desde los tiempos... Ama a tu prójimo como a ti mismo... he allí las respuestas que buscas y buscamos... ¡Pero si no es nada nuevo!... y entonces, qué esperas o mejor dicho: qué esperamos... He ahí tú (mí) dilema. Diletantes de la vida, del aquí y del ahora...

Todo fluye. Todo es movimiento. "Nada se pierde ni nada se destruye...todo se transforma". "El sol sale para todos". Es la luz del alma la que se impone y el espíritu que se eleva hacia su verdadero origen y retorno. Somos nosotros volviendo a casa. Lo sombrío y obscuro se diluye, y se extingue. Y queda la luz blanca cristal brillante de la que estamos hechos (el espíritu propiamente). Que es lo que realmente somos, lo que realmente permanece en la existencia del infinito, lo que es el alma en espíritu. A fin de cuenta, lo que es y existe siempre. El pensamiento pensado del sí mismo. La energía-pensamiento de la que habla el Ser Uno. Es la real y verdadera vida eterna infinita. La partícula primaria y causa de todas las cosas. Lo que es... ¡Pero y ¿cómo es eso?!... Ahí va el proceso...

Se trata del empoderamiento del alma, al transitar a energía-espíritu. Recordemos: mente, alma y espíritu, son los tres grandes vértices del triangulo de la existencia vivida. Es así que se compone el proceso, y los tres conviven, de manera empoderada. Lo que les estoy diciendo es que la materia (lo denso) sobra y no tiene nada que ver con ello. Como sobra, se extingue en la transformación, no desaparece, sino que simplemente ocupa su lugar en el espacio, circunstancialmente determinado por la dimensión espacial a que corresponde, su grado-plano. Es decir, depende de la frecuencia vibratoria a la que corresponde la energía espiritual. Si no entiende, no importa, porque yo tampoco entendía esto, pero ya habrá tiempo para entenderlo, creerlo y aceptarlo. Conozca, sienta, disienta y ame, y al final, siéntalo y medítelo, porque solo en su interno esta la verdad... Veamos, como lo intuyo-interpreto-entiendo.

El proceso de empoderamiento es encarnatorio-circular. Es así que desde el principio terrestre, él alma encarna en la materia humana, muchas vidas, para evolucionar, hasta alcanzar la elevación espiritual en el mundo dual, que en este caso, es de tercera dimensión (tierra=TERA). Tal como lo señala el SER UNO, energías-pensamiento forman al alma, y las almas forman al espíritu. Todo ese proceso es posible dentro del mundo dual terrestre. En ese trajinar, se produce el empoderamiento del alma encarnada, en muchas vidas terrestres. ¿Cómo saberlo? ¡Cada cosa tiene su tiempo y su lugar! Es responsabilidad suya, buscarla y encontrarla. Porque del cielo no le va a caer y nadie se la dará, si usted no la quiere tener. La decisión es suya.

Resulta que la tal individualidad, es mera fantasía espiritual, y más, de la condición humana-material. Decir que somos seres individuales, es una cosa meramente social-organizacional. En el plano biológico material, muchos sistemas dentro del universo corporal, funcionan como un todo-uno: con muchos órganos, funciones y relaciones, haciendo su trabajo energético-material, dándole vida al cuerpo-alma encarnada para que se cumpla el propósito de la misión humana-alma encarnada que ha de ejecutarse, en esta dimensión-plano terrenal, de acuerdo a lo que ha sido y es su plan existencial, y en sintonía a su frecuencia vibratoria, movimiento, ritmo, forma, color, sonido, etc.

Supone entonces, como se ha dicho antes que cada compromiso en orden: subatómico, átomo, molécula, célula, órgano, sistema_orgánico, estructura_corpórea, tiene su energía-pensamiento que la aviva, da fuerza y poder, en cada una de estas instancias, genéricamente hablando. Así como la programación del ADN, también responde a ello. Quiere decir que para que esto suceda, todo piensa y actúa según su programación, a cada nivel y prioridad correspondiente, como un todo-unidad. Y esa unidad es lo que hace posible, la individualidad por indivisible, y de allí es que se entiende el significado del término "individualidad".

Sin embargo, como todo concepto, resulta que la individualidad corporal es la simplificación del entendimiento humano-social que lo acepta así. No obstante, como usted puede ver, ese es un universo en potencia: como es arriba es abajo, como es adentro es afuera. Si una de las partes-componente entra en conflicto, confrontación-contradicción programática, empieza a generar caos en el subsistema biológico correspondiente, generando los síntomas de la enfermedad, a partir de la energía-pensamiento de la parte programada que entra en negativa-enferma. Que si no es revisada, rectificada, y reprogramada, y renovada, se convierte en una enfermedad crónica que degenera en el declive corporal correspondiente que al final, hace que las almas; se desacoplen del cuerpo (la muerte material-corporal). Y este proceso degenerativo, comienza en la energía-pensamiento asociada al subsistema-componente comprometido por diversas razones, asociadas a una debilidad-falla programática de la energía en cuestión: en alma y su evolución.

Nos referimos a muchas energías-pensamientos-almas, porque es de lo que se trata en la vida material-humana. Cada quien, cuando encarna su alma, trae todo lo vivido de sus vidas pasadas, más las energías-pensamiento-alma que se acoplan con ella de sus padres, más las que se acoplan en el devenir de su vida del entorno tierra-humanidad. Conformando un todo en su accionar, por similitud vibracional. Lo que da vida a ese ser corporal. En tanto, a lo que nos aproximamos con todo ello es que no estamos solos, y no somos solo nosotros como creemos, sino que somos uno en la unidad del todo, materializado corporalmente. Así vivimos y convivimos. Y

Así pensamos muchos en uno. Es decir, somos influidos por las energías-pensamientos que pululan en la esfera terrestre del electromagnetismo. Cuando respiramos, es el mismo aire para todos, así pasa con las energías-pensamiento positivas o negativas-enfermas, de acuerdo al filtro álmico de cada quien.

Por lo tanto, somos un universo cuerpo-andante de sistemas biológicos-orgánicos incorporados energéticamente, pensantes en sus partes-componentes, mediante una mente-uno que regula, dirige y controla energías-pensamiento de almas encadenadas en un subconsciente-consciente, en un cuerpo quehacer-experimentar-progresar-evolucionar en su vida actual. Y que va a ser influido por las energías-pensamiento-alma de que disponga energéticamente hablando; sintiendo y viviendo, una experiencia de vida, para darle cabida a la evolución del alma.

Al final, lo que queremos decir; es que somos uno, en tanto; un colectivo-grupo de energías-pensamiento-alma en evolución, más que un individuo como tal (A la sazón de lo dicho por Carl Jung sobre el inconsciente colectivo que es el área común de experimentación a la que todos los humanos acceden más allá de la conciencia, independiente de tiempo y lugar, por medio de la psique, y que supera a la razón). Aunque aparentemente se exprese de esa forma, en el mundo dual material, por cuanto ya se dijo que somos mente, alma y espíritu.

Un alma está en evolución, hasta tanto se alcance la elevación espiritual, que a fin de cuenta, resulta ser el espíritu o ser energético elevado. Y este es el proceso al que le referimos antes, que cíclicamente espiral, vamos construyendo en cada vida encarnada que transitamos en este planeta tierra. De tal manera que la meta es alcanzar el nivel de espíritu (espíritu santo de la religión cristiana, nirvana, iluminación, entre otras) que por ahora sigue siendo evolución del alma. Esto supone, vivir muchas vidas para evolucionar y adelantar, hasta elevar al grado de espíritu, que aún, no tenemos. Y ese es el reto.

Quiero dejar claro que si no alcanzamos tal nivel de espíritu, seguiremos desencarnando-encarnando. Y lo que aflora en el estado de muerte corporal, es como un racimo de uva que se desacopla del ramo, y salen dirigidas hacia un espacio dimensional. Todas esas energías-pensamiento-almas irán: algunas a un proceso de revisión-rectificación-reprogramación-renovación y encarnación de la propia alma desencarnada. Otras de las que conformaban la energía-materia-cuerpo (insertas en la mente subconsciente-consciente), se reintegran, en alguna alma ya encarnada-establecida. Y si el alma, hubiese alcanzado su primer nivel de espíritu, entonces, ya no tendría necesidad de encarnar más, al haber logrado su propósito existencial en el mundo dual (de acuerdo al SER UNO, disponible en www.elseruno.com).

Como quiera que parte de lo anteriormente expresado, sujeto a mi conocimiento-entendimiento, está en sintonía con lo inspirado-canalizado sobre el SER UNO, he de invitarles a contrastar-validar-entender-confirmar a través de los libros suministrados electrónicamente, mediante su página web oficial. Lo que toca por ahora, es hacerme conteste con esta genialidad-generalidad, en tanto intermediario-mensajero. Y así se ha hecho.

Lo que al final pretendo dejar claro es: un error creer que alma y espíritu son la misma cosa, a no ser que el alma evolucionada, haya alcanzado en muchas vidas encarnadas en este mundo dual, su nivel de espíritu. En cuyo caso, ascendería a otro plano y no necesariamente, encarnaría más. De otro lado, es un proceso que se ejecuta hasta alcanzar, tal nivel. Más allá que aquí.

El espíritu termina siendo un nivel superior del alma consciente. Es el transito del subconsciente al consciente. Y es en el subconsciente donde se encuentran las emociones que según el Ser Uno, son las que debemos hacer consciente, mediante un proceso analítico autoreflexivo, psicológicamente hablando.

Trabajo que es propio de cada quien en su libre albedrio y en su necesidad. Porque salvadores no hay. Y nadie los va a salvar, en tanto no hay mesías ni maestros que puedan o quieran hacer su trabajo espiritual. Solo usted se salva asimismo. Usted es el dueño de causas y efectos. Cuando se vea en el espejo, a ese que ve allí, es el causante de sus actos y destino, de sus aciertos y errores, de sus virtudes y defectos, y es el responsable de todo lo que le pase para bien o para mal. Ese es su dios o su verdugo, porque ese es usted. Y si quiere culpar a alguien, entonces, cúlpese así mismo. Suyo es lo que los hindús llaman el karma-darma.

Cuando sienta algo contra otro, entonces revise si lo que ve allí es parte de su espejo y por reflejo, es también suyo. Concientícelo, corríjalo y dispóngase a dejarlo ir. Eso significa que lo extrajo del subconsciente y al hacerlo consciente, lo libero porque lo perdono. De otra manera, sigue estando allí, se le volverá a repetir o devolverá... Pero no se preocupe, sino ocúpese de "darse cuenta de", y realice el proceso de autoanálisis-reflexivo-critico así mismo, de la causa que origina eso, para que el efecto pase, al hacerlo consciente.

Sígale la pista al pensamiento que lo genero. Desátelos recursivamente y vera que funciona, en tanto, se pone alerta y despierto. Esa es una buena práctica para comenzar a descargar al subconsciente, de tantas trampas, enredos, entuertos, chorizos, rollos y demás que ya hacen escondidos en los oscuros recónditos de ese laberinto de su ser. De modo pues que usted puede ser su propio psicólogo, antes estos tiempos de mentes estólidas, disociadas y cargadas de energías-pensamientos-negativas-enfermas.

AL FINAL DEL CAMINO

Encuentros cercanos. Los vives en tu mundo materia-espiritual de diferentes tipos. Unos más creíbles, otros más pasajeros de extraña coincidencia o DEJA VÚ, y la mayoría, sin darse cuenta. Vives para vivir y amas para amar. Amar sin ser amado. Es primero, amarse así mismo, y luego a los demás. Ya hemos insistido en ello. Ama quien puede no quien quiere. Los demás aprenderán a amarte después de amarse. Así es todo. Y todo se junta. Es la unión y comunión del todo por el todo. En su esplendor, a su ritmo y colorido. A si son los encuentros con uno y con los demás, llenos de por supuesto: de desvaríos y contradicciones propias. Pero que hay que hilvanar y categorizar en el entendimiento del encuentro con la vida y lo vivido. Es una reflexión consigo mismo, perenne y presente, y con los demás, en cuerpo presente. No es más que un aprendizaje perpetuo mientras estés aquí, y sin lugar a dudas, cuando estés en el más allá.

Al fin y al cabo, es un proceso de aprendizaje del subconsciente para hacerte consciente en cuerpo-alma presente. Es encontrarte contigo mismo. Es la luz que se hace carne y vino. Es el acontecer del aquí y ahora. Es lo dubitativo y meditativo, en reflexión consciente interior-exterior. Es la máxima del estar aquí y ahora. Es el encuentro con tu luz que es tu salvación individual, conseguida por merito personal. Es ese nirvana que tanto se busca y se anhela. Es el diletante de la vida por la vida de uno y con los otros que son nosotros. En una conjugación espiritual-material de fuerzas de acción-reacción, en búsqueda de la verdad verdadera, en el aciago caminar del encuentro-desencuentro.

Sobre todo, estar consciente que la batalla continua, mientras estés aquí y no dejarte arropar por ella. Es aprender a ser un militante de la observación consciente del diario acontecer y del devenir, para no caer en las redes de la oscuridad-maldad que subyuga a los que viven el sueño del ensueño. Es al fin de cuentas, el despertar de la consciencia. Y hacerte siempre presente, desde el alma-espíritu viviente con luz propia, día a día, momento a momento, hasta el final del camino que te toca recorrer... Y ya verás si vuelves...

Así y todo, es tu luz y tu salvación espiritual, en la materialidad corporal. Es hacer camino al andar y ver la senda que se ha de trazar, tal cual dijo el poeta. Porque es una poesía que se construye así misma, en la dinámica de la metáfora de la vida, con plenitud de conocimiento de causa y efecto: reflexiva, recurrente, referente y recursiva, en cuerpo presente. Y que al estar presente, la entiendo y comprendo en su accionar, y por ello, soy capaz de hacérselo saber a los otros, comenzando con los míos y los cercanos... Aclaro: lo reflexivo es el sí mismo (conmigo mismo), recurrente por lo consecuente, disciplinado y ordenado, leal y comprometido; y en ello va lo referente a todo y con todo (sea relación causa-efecto-mía-personas-cosas, en tiempo-destiempo, etc.), en tanto que recursivamente va y viene (como cadena), desde el comienzo al final y viceversa, e intermedio, en el pensar-accionar-andar.

Esto es, plena dinámica y movimiento, porque todo fluye... Ya se ha dicho: nada es estático, porque ello, no existe en el universo. Como no existe la recta (mera representación-observación relativa), ya que todo es curvo-circular... Es la geometría sagrada del universo, de la vida, etc.,...

Cuando tú estás aquí ¿es para qué?... ¿Para sufrir-padecer? Esta es la máxima de muchas religiones: los golpes-tropiezos enseñan y a ello se ha acostumbrado la gente. Golpes, golpes y más golpes... Piedras en el camino... Errores y más errores... Equivocaciones y más equivocaciones... La supervivencia del más apto, de los más fuertes... La dominación de unos pocos por sobre otros, en mayoría: subyugación. Todo esto es imperfección en potencia, alimentada por el odio, egoísmo, ambición, placer y más... Esto solo existe a este nivel de materialidad-social, en este plano existencial. Ello es lo que alimenta la energía-reptiliana que son pensamientos negativos enfermos suministrados-alimentados por seres-entes reptiles. Porque de ello, depende su subsistencia.

Se llama reptil a aquel ser animal de sangre fría que por su aspecto, es de cuerpo rígido, duro, empedrado, escamoso, caparazón prominente-sobresaliente que se arrastra y satisface su instinto animal, depredador, sin importar a que/quien, susceptibles de parecer feos, hostiles, inmisericordes. Y hay gente que se muestra-manifiesta-actúa y expresa de esa manera. Además de que hay toda una teoría sobre el cerebro reptil, asociada al comportamiento similar entre humanos y animales, y al pensamiento instintivo de sobrevivir, en tanto, a ciertas emociones.

La cercana referencia a las características de reptilianos por su mal proceder, es relativa por ejemplo a: políticos-partidos-gobiernos, corporacionesempresas-negocios, religiones-dogmas-sectas, criminales-delincuentes-ladrones u otros que se asemejan en este mundo terrestre a depredadores sociales. La maldad alimenta a la maldad. Y es algo que no se ve, sino que se siente y se padece. Y es más los que cohabitan con esto que con su contrario: el bien. A pesar de que muchos, falsamente prediquen, un supuesto bien, y así abducen a incautos-adoradores u otros. Y todo ello se considera, la oscuridad en su proceso manipulador-subyugador.

¿Qué es lo que hemos querido sentar con lo de reptil/reptiliano?... Que todos sin excepción, tenemos una parte reptil/reptiliana viviendo dentro que nos ata y socava. Cuanto más o cuanto menos tendrá, depende de su frecuencia vibratoria y de lo que alberga su subconsciente. Usted decide si alimenta su subconsciente, acumulando más energías-pensamiento-negativas-enfermas, o por el contrario, va liberando, aclarando, limpiando, o reprogramándose de ellas, haciéndolas cada vez, más conscientes. Para ello, usted deberá hacer el trabajo-proceso de concientizarse, tal como ya ha sido señalado en este manuscrito, con los modos referidos, durante todos estos pasajes...

Me es perentorio notar que hay seres que habitan-conviven con esta apariencia en el universo, por el desarrollo del pensamiento más del lado izquierdo del cerebro, y por carencia del pensamiento del lado derecho, más no necesariamente, sean considerados malos o depredadores per se, y se les conoce como seres reptilianos. Pero además, se dice de seres que conviven-cohabitan en un plano-dimensional en la tierra, cuya evolución la tienen frenada-estancada, y estos seres; subyugan a humanos por el lado izquierdo del cerebro para que se presten a sus malicias, alimentando las energías-pensamiento-negativas-enfermas. Y son el eje del mal en la tierra (les sugiero investiguen más ya que no es tema de este escrito).

En todo caso, tú eres el dueño de tus facultades, y tú decides si las delegas o las desarrollas. Son tus decisiones-obras las que incitaran el bien o el mal. Acuérdate del dicho que dice: "al que buen árbol se arrima buena sombra le acobija". Y en tanto, el versículo bíblico sobre que "por sus frutos los conoceréis" (Mateo 12:33). Y además, obras son amores, si son buenas... Así, todo termina en ganancia o pérdida, por correspondencia y/o merecimiento...

Tanto se ha hablado del destino que ha sido una máxima que priva en la vida de las personas a futuro. Pero este lo construyes tú, porque no tendría sentido estar predestinado. Puede que haya preconcepciones que traes de tus vivencias legadas de muchas encarnaciones, pero en principio, estas aquí para superarlas-mejorarlas. Dado que hablamos de cambio y la dinámica del todo, nada está dicho ni nada es incambiable ni imborrable. En tanto apostamos por la evolución y elevación del alma-espíritu. Y a eso venimos, no a otra cosa. No a retroceder si es que tiene sentido estancarse. Por supuesto que ello dependerá de cómo enfrentas las causas y efectos a las que estas expuesto, en tu vida cotidiana-material-espiritual.

En el entendido que estarás al inicio de la vida encarnada, sujeto al legado-vida madre-padre y al entorno circundante-ambiente-vivencia. Pero nunca será una línea recta. Lo que traes es tuyo y eso es lo que serán tus condiciones iniciales, tus insumos. Pero el proceso, es tu mera responsabilidad-creación, bajo las condiciones relativas de la existencia bio-psico-social-espiritual que te circunda. Y todas estas consideraciones-interacciones, están sujetas al acceso-conexión-lugar de la consciencia superior y/o planetaria.

Esto no es fácil de digerir, porque es un trabajo de conocimiento-entendimiento material-espiritual, en tanto teoría-práctica-vivencia, "darse cuenta de" por intermedio de la consciencia. Que cada quien en su espacio-tiempo-momento, irá consiguiendo-comprendiendo.

Cada uno, tendrá su tiempo de vida para vivir viviendo su caracterización espiritual consciente o no, pero nadie escapa de ello. De cada quien según su capacidad, de cada quien según sus circunstancias para conocer-comprender lo que le antecede-acontece.

También tendrá, nuevas vidas-encarnaciones para completar lo no acabado, de la manera temporaria de sus energías-pensamientos-emociones no resueltas, bien sea por sí mismo, en su próxima encarnación y/o por intermedio de otras energías-pensamientos encarnadas en el lado-zona que le corresponda (según el Ser Uno). Y aquí prefiero invitarles a indagar en las publicaciones electrónicas del SER UNO, antes que temerariamente, hacer interpretaciones de lo allí postulado. Aunque sostengo que estoy en plena sintonía con lo profundizado por ellos, producto de lo que la mensajera-contacto-canalizadora, nos ha suministrado a través de los hermanos Ayaplianos.

Finalmente, "La batalla es ¿con quién?". Respuesta: con uno mismo. Tú eres tu propio contendor.

EPILOGO

Ya se ha dicho que la vida es un proceso de causa y efecto. Todo se origina de algo ya acontecido. Es el despertar de la consciencia lo que cuenta y ese es el reto de estar aquí y ahora. Nos las vemos todos los días de la vida, mientras dure, en ese dilema. Te guste o no, estés de acuerdo o no, lo entiendas o no. Pero a eso hemos venido, y por eso estas aquí y así sucesivamente vendrás, hasta el fin de los tiempos... Y habrá de cumplirse en algún momento universo-terrestre. Y ello ya ha sido propuesto y estimado. Y está aconteciendo. De cada quien depende alcanzar más tarde o más temprano, ese instante presente que no es tiempo ni distancia, sino perenne.

La vida es así, un juego del destino presente. Un ir y un venir dentro del universo, porque es infinita. Y no es densidad-materia, es simplemente energía-pensamiento, siempre viva y existente, con o sin cuerpo presente, si de ello se trata. Es la verdad en esencia y presencia constante. Es lo que existe. Es lo que es y nada más. Es un flujo permanente. Es una espiral de energía ascendente y elevando la frecuencia vibratoria, a un ritmo, color, forma, correlación y continuidad, y más... Por algo Descarte dejo sentado que "pienso luego existo". Y estaba en lo cierto. Como siempre pienso, siempre existo...Y eso es lo permanente omnipresente: *la energía-pensamiento*. Y ese es el flujo de Dios, su Dios, mi Dios... El Dios de todos, de ellos, de los otros... Ese es el Dios vivo... El principio único, la causa suprema de todas las cosas. Así se ha dicho, así sea, y así será.

La Guerra de los sueños, como se ha intitulado este escrito, es la expresión del pensamiento en tiempo variable-particular terrestre. Es una máxima de vida material-humana. Es la unidad de los opuestos: acción-reacción, bien-mal, luz-oscuridad, cambio-constante, estática-movimiento, continuidad-ruptura, negativo-positivo, el todo y la nada. Flujo y reflujo. Alma y espíritu. Es el dilema de la vida, por el que estamos atrapados aquí, desde los tiempos antaños... Y es por eso que queremos y debemos salir. Volver al origen: de dónde venimos, de donde somos originarios. De lo que en realidad estamos hechos.

Es el despertar de la consciencia en su verdadera realidad universal-estelar. La estela de luz. Es aprender-entender que somos y de que estamos hechos verdaderamente. Y como volver para no regresar nunca jamás. Es cumplir el propósito de vida no-encarnatorio y seguir en el universo despierto.

En ese trajinar terrestre, es muy fácil volverse a dormir despierto. Y por eso caemos en el bamboleo de la oscuridad. Y tropezamos con la misma piedra. Y nos caemos. Y sonambulamos por caminos pedestres... En la trampa de la subyugación-manipulación, somos reincidentes, y volvemos a encarnar. Entramos en la misma rueda de placer y destino. Otra vez el circulo vicioso. ¿Qué estamos haciendo mal? La misma letanía. ¿Por qué es difícil, mantenerse despierto?

La constancia es una de las máximas de la espiritualidad. Esta última, es "una forma de ser, vivir y existir", según lo expresado y canalizado por Franca de los

Hermanos mayores Ayaplianos (Ser Uno). Dicho así, la perseverancia es un factor importante y preponderante en toda actividad humana, y no menos, dentro del ámbito de la espiritualidad. De la continuidad depende en mucho, el alcanzar el éxito. Y el éxito en el camino espiritual, es ser constante y consecuente con uno mismo, con honestidad y sinceridad.

Por supuesto, dentro de los límites de la realidad humano-material que nos rodea y pisotea, para sacarnos de la verdadera búsqueda espiritual que está dentro de cada uno. Y nos hace dudar, encasillar o fantasear con lo que está afuera. A veces por cansancio, por fastidio y debilidad, o por no encontrar, lo que no nos ha sido dado. Porque tampoco, aún lo hemos ganado. O por aspirar sin merecimiento. Y desistimos. Y volvemos a ser seguidores... Y caemos en el sueño del ensueño.

Así que hay que mantener despierta la consciencia crística. Los principios espirituales intactos y perseverando. La consciencia de SER, de estar aquí y ahora. De ser consecuente con uno mismo y aceptar que todo llega por merecimiento en tiempo y destino. La práctica espiritual debe ser una variable-singular en espacio-tiempo, dentro de la realidad humano-social que te toca vivir-experimentar. Es un asunto de voluntad, fuerza, poder, conocimiento, entendimiento y energía álmica. Es la verdadera búsqueda y transito transversalizado-entreverado en el amor. Este es el tejido del amor. Amor así mismo y al prójimo. Esa es la luz de cada uno y la que alumbre a su vez, al mundo. Desprovisto de ego-egoísmo y más...

Cuando hemos llegado a este límite del mensaje, entonces, sabemos que no somos salvadores, ni magos, ni maestros, ni canalizadores, entre otros de los que suelen calificarse, sino; simples mensajeros del bien, de la positividad y del amor que como cualquier mortal en carne viva, trata de conseguir todo aquello que ha sido postulado, en esta apuesta por reflexionar en voz alta.

Pensando en descubierto-pensamiento-descrito y dentro del propósito de vida de los hermanos humanos, en el camino a la espiritualidad. Desde mi propio transito personal, y para todo aquel que esto le sea útil, a propósito de dar luces donde aún persista, cierto grado de ambigüedad-oscuridad.

A sabiendas que como militante de la espiritualidad, esta sea una manera de reforzar mi propia disyuntiva transcendental, en el transito del camino recorrido, en esta vida humano-material que aún sospecha de la apariencia-fantasiosa de todo lo que ha sido dicho-escrito de/sobre la historia humana-animal, por los interesados-ofuscados-manipuladores-desalmados en confundir-desvirtuar, los verdaderos contenidos de los principios morales-espirituales ventilados.

La única manera de confrontar, ya entrado el siglo veintiuno, con todos los cambios sobrevenidos, es su propia verdad verdadera-interior, donde se encuentra todo el legado ancestral-presente que dirigirá su camino personal-espiritual. Decididamente, somos militantes de la espiritualidad y diletantes en el camino al andar...

Saber discernir objetivamente está en la *inmunidad del alma*. Todo deviene de mi interior. Y así es mi creencia-credo-crear...

Apostando al entendimiento, he sido redundante en la variedad textual, y algo indócil en el fondo/estilo documental.

ANEJO

Esto es lo que se considera el merkaba, la estrella de seis puntas, la estrella de David, dos pirámides invertidas, dos conos invertidos, toroide o tubo toro... que contempla los seis elementos de la ascensión (en cada ángulo) que habrán de alcanzarse para poder elevar y salir de tercera dimensión, hacia el correspondiente plano y dimensión superior que corresponda. De acuerdo a como vibre cada quien, y de la burbuja esfera origen de la que devino, pero también, relativo a la frecuencia vibratoria, en la que se desarrolle/acople.

Así, en el trajinar de sus vidas terrestres y hasta no encarnar más, en su paso por el electro-magnetismo del planeta, y como sea dispuesto en la Ciudad Interna de luz blanca cristal, será donde termine y se reprograme su ascensión-programación, junto a su ser superior, y en armonía con los Hermanos Mayores de Luz y Amor, de los cuales forma parte y/o es originario.

Esto supone que los cuatro elementos, los alcanza en sus vidas terrestres, pero el Éter y Helio, lo adquiere en la Ciudad Interna, para evolucionar y elevar. Y ello es posible con ese cuerpo de luz que se intenta graficar, más abajo. Lo que da cabida a que el Alma desarrolle su Espíritu. Y esa es la única forma de salir del planeta y no otra, según el SER UNO.

De cierta manera, lo que refleja también, la figura de abajo, es el paso de la era de Piscis a Acuario, es decir: transitar de agua a aire. Ese es el proceso que se inicia y se está viviendo, en esta segunda década del siglo veintiuno (ya profetizado, en tiempos pasados).

Por lo tanto, el movimiento de las flechas curvas para el triángulo agua-fuego-éter (vista de espalda, agua-hombro-izquierdo hacia fuego-hombro-derecho, por el impulso de éter), equivaldría a un volumen con punta de salida hacia adelante, relativo a la evolución, ósea, tierra-impar.

Para el triángulo-cono-invertido aire-tierra-helio, la flecha curva muestra el flujo con punta de salida hacia atrás (cadera-derecha-aire hacia cadera-izquierda-tierra->ascensión) que comprende la elevación y salida definitiva del planeta, ósea, tierra-par. (Ver imagen de la contraportada).

También, la figura puede ser de utilidad analítica para revisar el reflejo de su propia personalidad-actuación-corrección, al librar batallas consigo mismo, sobre su subconsciente-acción-reprogramación, y referencia con otros.

Desde donde se percibe usted para esclarecer asuntos de su propia vida humana-material, en sintonía con lo espiritual. Así, necesita saber: en qué elemento(s) de los cuatro principales se ubica, sea por su zodiaco u otro.

Ya que fuego y agua son contrarios, como también aire y tierra. Mientras, fuego y aire son espejos, así como agua y tierra. Y fuego con tierra, son causas y efectos, y viceversa. Y en esa misma tónica, aire y agua, también son causas y efectos, en ambos sentidos. De ese modo, sucesivamente, puede hacer relaciones y sacar conclusiones, sobre sus circunstancias vividas y que cosas trabajar y/o mejorar, por correlación y correspondencia...

Es su deber contrastar y validar lo dicho antes, por diferentes vías, para entenderlo a profundidad. Ya que lo que estoy mostrando, es únicamente, a título de información-intuición-interpretación, y no en modo alguno, de afirmación. Porque contradiría, lo que ha sido expuesto en el mensaje de esta obra, y esa no es nuestra intención.

Estrella de seis puntas o de David, merkaba, cuando se torna en 3D

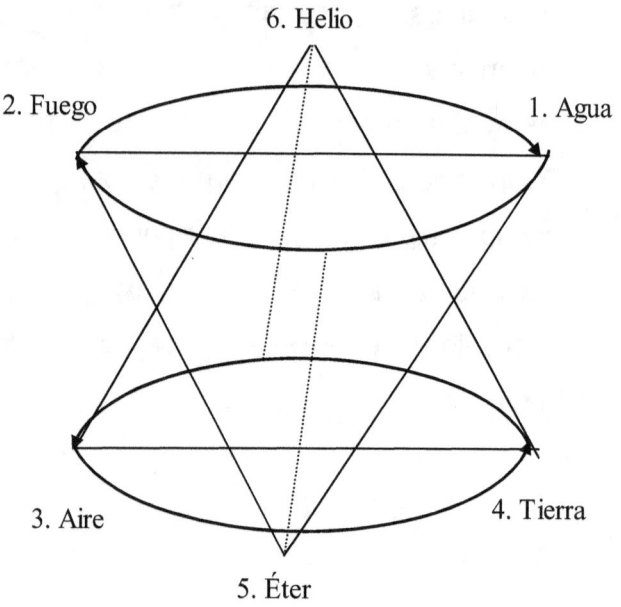

(Información del Ser Uno, con elaboración e interpretación propia)